AVES

Peter Holden
Organizador nacional del Club de Jóvenes Ornitólogos

Ilustrado por Trevor Boyer

Traducción de
M.ª José López Fost

Editorial JUVENTUD, S.A.
PROVENZA, 101 - BARCELONA

Índice de materias

3	Cómo usar este libro
5	Cormoranes, alcatraz
6	Gansos
7	Gansos, cisnes
8	Patos
11	Somormujos, garza, cigüeña
12	Aves de presa
15	Rascones, gallina de agua, focha
16	Gallos de monte, perdices, faisán
18	Limícolas
24	Palomas, tórtolas
25	Alcidos, fulmar
26	Gaviotas
27	Gaviotas, golondrinas de mar
28	Rapaces nocturnas
30	Abubilla, chotacabras, cuco, martín pescador
31	Picos
33	Vencejo, golondrina, aviones
33	Alondras, bisbitas, acentor
34	Lavanderas
35	Ampelis, mirlo acuático, chochín, alcaudones
36	Carriceros, currucas
37	Curruca, mosquiteros
38	Papamoscas, tarabillas, collalba
39	Papamoscas, colirrojos, petirrojo, ruiseñor
40	Zorzal, mirlos, oropéndolas
41	Zorzales, estornino pinto
42	Páridos
43	Párido, trepador, agateador, reyezuelos
44	Fringílidos
46	Piquituerto, córvidos
47	Córvidos
48	Gorriones, escribanos
49	Coloración de las aves
50	Identifica las patas
52	El nombre de las aves
54	Construcción de un comedero
56	Inventario de las aves de jardín
57	Vocabulario. Bibliografía
58	Indice
59	Lista de especies
61	Tabla de puntuación

Diseñado por
Sally Burrough

Revisión de
Sue Jacquemier y Sue Tarsky

Texto e ilustraciones © 1978 by Usborne
Publishing Limited
© de la traducción española:
 Editorial Juventud, Barcelona, 1981
Tercera edición, 1991
Depósito Legal, B. 14.001-1991
ISBN 84-261-1819-4
Núm. de edición de E. J.: 8.542
Impreso en España - Printed in Spain
I. G. Credograf, S. A. Llobregat, 36
08291 Ripollet (Barcelona)

Cómo usar este libro

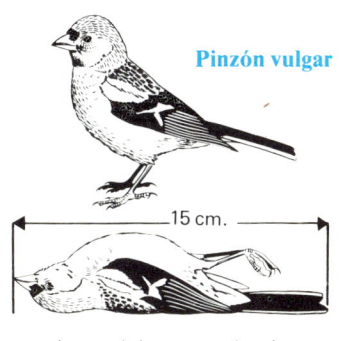

Pinzón vulgar

Este libro te ayudará a identificar muchas de las aves que puedes observar en Europa. Llévalo cuando salgas de observación. Las figuras muestran las aves posadas o volando, dependiendo de cómo sea más frecuente observarlas.

Hay figuras independientes para las hembras (♀ significa hembra) cuando son muy diferentes de los machos (♂ significa macho). Algunas veces se ilustran también los jóvenes o juveniles. Si el plumaje de verano difiere mucho del de invierno, se representan ambos.

La descripción junto a cada ave explica dónde se encuentra ésta y cuál es su talla. Un ave se mide desde el extremo del pico hasta el extremo de la cola (ver diagrama). Las aves de una misma página no están siempre dibujadas a escala.

Cada vez que observes un ave, haz una señal en el pequeño círculo que se encuentra junto al dibujo que la representa.

En la página 57 se inserta una lista de palabras especiales y de su significado.

Tabla de puntuación

Al final del libro hay una tabla de puntuación en la que se da una valoración para cada ave que se observa. Un ave muy común puntúa 5 puntos, y una muy rara, 25 puntos. Suma los puntos al finalizar un día de observación.

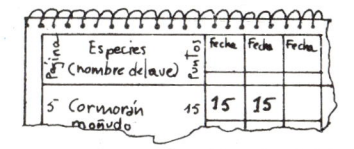

Zonas de Europa abarcadas en este libro

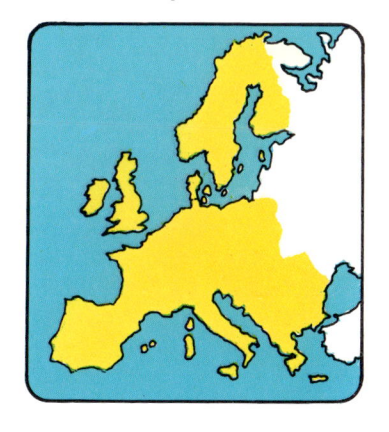

La zona amarilla de este mapa muestra los países de Europa en los que se encuentran las aves descritas en este libro. No todas las aves de un país se encuentran en este libro, y algunas de ellas no se encuentran siempre en la zona amarilla.

¿Cómo observar a las aves?

Las aves están en todas partes, lo que facilita su observación, que resulta un buen entretenimiento. Cuando conozcas el nombre de las aves que ves más a menudo, puedes necesitar saber más cosas de ellas. Al final del libro se inserta una lista de obras.

¿Dónde observar las aves?

Empieza a observar a las aves en tu propio jardín o desde la ventana de tu casa. Si hay pocas aves, intenta atraerlas colocando alimentos y agua. (Ver páginas 54-55 para instrucciones de cómo construir un comedero.) Cuando puedas identificar todas las aves que llegan a tu jardín, busca en un parque. Observa estanques o ríos, especialmente a primeras horas de la mañana, cuando haya poca gente alrededor. Los campos de recreo escolares, zonas de grava y montículos de desperdicios atraen a las aves. Si vas de vacaciones, puedes visitar nuevos hábitats (lugares donde viven las aves) y ver nuevas especies.

Notas auxiliares para la identificación

Observa la silueta de un ave cuando esté volando: esto te ayudará a identificarlas. Observa si su vuelo es rectilíneo, de planeo, ondulado o cernido. Fíjate en el color de su plumaje y en algunas marcas especiales. ¿De qué forma es su pico? ¿De qué color son las patas y qué forma tienen los dedos?

Aunque el canto de un ave es importante para su identificación, es difícil de describir y por ello se menciona poco en este libro.

Rectilíneo

Ondulado

Planeo

Cernido

Binoculares

A medida que vayas observando aves necesitarás probablemente usar binoculares. Visita una buena tienda para probar algunos de ellos. La mejor medida es de 8×30 u 8×40 (nunca más de 10×50).

Cuaderno de notas

Adquiere un cuaderno de notas para registrar las diversas aves que observes. Anota dónde y cuándo las has observado. Describe las aves que no habías visto anteriormente. Haz esquemas para facilitar su posterior identificación.

Cormoranes, alcatraz

◀ Cormorán moñudo
Frecuente durante todo el año. Anida en colonias en costas rocosas. Moño sólo en época de nidificación. Al igual que el cormorán grande, bucea en busca de peces. Los jóvenes son de color pardo oscuro.
78 cm.

El cormorán moñudo y el cormorán grande vuelan a baja altura, cerca del agua

◀ Alcatraz
Se encuentra en el mar, cerca de las olas. Se lanza en picado en busca de peces. Los jóvenes son más oscuros.
92 cm.

Cormorán grande ▼
Generalmente se encuentra cerca del mar, pero en invierno frecuenta también el interior. En la época de cría, algunos presentan la cabeza y el cuello gris. Anidan en colonias en costas rocosas.
92 cm

Mancha blanca en la época de cría

Gansos

Barnacla carinegra ▶
Ganso de tamaño pequeño y color oscuro. Durante el invierno se encuentra en estuarios. 58 cm.

Barnacla canadiense ▶
Ganso de gran tamaño y ruidoso. Frecuente en parques. Anida en libertad. 95 cm.

Barnacla canadiense (ave introducida del Canadá)

Barnacla carinegra

Ánsar común ▼
Anida en estado salvaje. Durante el invierno pueden observarse representantes salvajes del continente europeo cerca de la costa británica. 82 cm.

Cabeza más blanca que la barnacla canadiense

◀ Barnacla cariblanca
Se observa en las costas occidentales de Gran Bretaña e Irlanda, durante el invierno. Algunas veces, en parques. 63 cm.

Gansos, cisnes

Ánsar piquicorto

◀ **Ánsar piquicorto**
Aparecen en gran número en algunos campos de trigo o de rastrojos. 68 cm.

◀ **Ánsar campestre**
Pasta en pastizales del interior o en campos de maíz. 80 cm.

Ánsar campestre

Ánsar careto grande ▶
Frecuenta marismas, estuarios y tierras cultivadas. Presenta la base del pico blanca. 71 cm.

Cisne chico o de Bewick

Cisne cantor

Cisne vulgar

◀ **Cisnes**
El cisne vulgar es el más común en Gran Bretaña. Se observa a menudo en parques de ciudades o en grandes ríos. Los otros dos cisnes se observan en lagos, campos inundados o incluso en el mar. Utilizan sus largos cuellos para alimentarse en aguas profundas. Cisne cantor, 152 cm.; cisne chico o de Bewick, 122 cm.; cisne vulgar, 152 cm.

Patos

Ánade real **Cerceta común** **Ánade silbón**

Hembra

Macho

◀ **Ánade real**
Se encuentra en casi todas las aguas continentales. Sólo la hembra produce el familiar "cuac".
58 cm.

Cerceta común ▶
El más pequeño de los patos europeos. Ave muy asustadiza. Prefiere los márgenes superficiales de los lagos. Vuela con un rápido batir de alas.
35 cm.

Hembra

Macho

Hembra

Macho

◀ **Ánade silbón**
En ocasiones se observan pastando en campos cercanos al agua. En invierno forman bandadas, generalmente cerca del mar. La llamada del macho es un ruidoso "jío".
46 cm.

Hembra

Ánade rabudo ▶
Utiliza su largo cuello para alimentarse de plantas acuáticas. En invierno se observan cerca del mar.
66 cm.

Macho

8

Ánade rabudo   Pato cuchara   Porrón común   Porrón moñudo   Eider

Pato cuchara ▶
Frecuenta lagos y aguas superficiales. Utiliza el pico para filtrar alimentos. 51 cm.

Hembra
Macho

Hembra
Macho

◀ Porrón común
Pasa gran parte del tiempo descansando en aguas abiertas y bucea en busca de alimentos. Se observa más frecuentemente en invierno. 46 cm.

Hembra
Macho

Porrón moñudo ▶
El pato buceador más frecuente en invierno. En ocasiones se observa en estanques de ciudades. 43 cm.

Hembra
Macho

◀ Eider
Cría en las costas marítimas septentrionales. En los nidos se encuentran plumones de Eider. En eclipse, los machos son más oscuros y muestran mancha alar blanca. 58 cm.

9

Patos

Porrón osculado ▶

Se observa en el mar y en los lagos. A veces en bandadas. Bucea frecuentemente. 46 cm.

Hembra
Macho

Mancha alar blanca en vuelo

Moño corto
Hembra
Macho

◀ **Serreta mediana**

Cría en lagos y ríos; a menudo se observa cerca del mar. Rara vez en el interior, aunque frecuenta las áreas costeras. Bucea en busca de peces. 58 cm.

Serreta grande ▶

La mayoría de ellas anidan en Escocia. Frecuenta grandes lagos en invierno. Bucea en busca de peces. La hembra presenta cresta. 66 cm.

Garganta blanca
Hembra
Macho

← La hembra carece de tubérculo en el pico

Macho

◀ **Tarro blanco**

Común en casi todas las costas, especialmente en estuarios protegidos. A veces en bandadas. Vuela lentamente, con el cuello extendido. Aspecto pesado en vuelo. 61 cm.

Somormujos, garza, cigüeña

Somormujo lavanco ▶
Se encuentra en aguas del interior. Bucea en busca de peces. Vuela raras veces. En primavera presenta una hermosa parada nupcial. Se observa en ocasiones en el mar, durante el invierno.
48 cm.

Cresta extendida durante el cortejo

Verano

Invierno

Invierno

Verano

◀ Zampullín chico
Común en aguas continentales, pero difícil de observar. Emite un chillido agudo.
27 cm.

Garza real ▶
Se observa generalmente cerca del agua. Anida en colonias sobre los árboles. Se alimenta de peces, ranas y micromamíferos. Permanece inmóvil durante largos períodos.
92 cm.

Durante el vuelo mantiene la cabeza recogida y las patas extendidas

◀ Cigüeña común
Se encuentra en áreas húmedas. Anida sobre edificios en Europa. Muy rara en Gran Bretaña.
102 cm.

Aves de presa

Águila pescadora ▶
Se lanza al agua en busca de peces. Se posa a menudo sobre árboles secos.
56 cm.

Partes superiores pardo oscuras

◀ Águila real
Vive en las zonas altas. Los juveniles presentan alas y cola blancos. Planea desde largas distancias. De mayor tamaño que el ratonero común.
83 cm.

Alas largas y anchas

Alas más estrechas que las del ratonero común

Milano real ▶
Ave poco frecuente que anida en arboledas. Remonta largas distancias. Raro.
62 cm.

Larga cola ahorquillada

Aves de presa

Manchas alares claras

◀ Ratonero común
Ave de presa de gran tamaño, con alas anchas redondeadas. Se observa frecuentemente remontando sobre páramos y tierras de cultivo, donde caza. 54 cm.

Gavilán ▶
Gavilán de alas anchas. Caza pequeñas aves a lo largo de setos y de márgenes de bosques. Nunca se cierne. Hembra, 38 cm. Macho, 30 cm.

La hembra es más grande y oscura que el macho

Alas muy puntiagudas y cola larga

◀ Cernícalo vulgar
Muy conocido por el modo en que se cierne cuando caza, especialmente junto a carreteras. Algunos anidan en ciudades. Se alimenta de aves, mamíferos, insectos. 34 cm.

13

Aves de presa

Cola más corta y alas más largas que el cernícalo vulgar

◀ Alcotán
Apresa al vuelo insectos y aves. Frecuenta matorrales y mesetas.
33 cm.

Halcón común ▶
Acantilados marítimos y riscos del interior. Caza sobre estuarios y marismas en invierno. Se lanza sobre aves en vuelo a gran velocidad.
38-48 cm.

◀ Azor
Similar a un gavilán de gran tamaño. Habita en bosques densos. Macho, 48 cm.
Hembra, 58 cm.

Halcón abejero ▶
Se alimenta principalmente de avisperos y colmenas.
51-59 cm.

Rascones, gallina de agua, focha

◄ Gallina de agua
Ave acuática que vive cerca de estanques, lagos o arroyos. Conducta confiada en los parques, aunque en otros lugares se muestra recelosa. Juveniles de color pardo oscuro.
33 cm.

Focha común ►
Bucea frecuentemente. Prefiere los lagos grandes. Pico y escudete frontal blancos. Los juveniles son grisáceos, con garganta y pecho cálidos. Bandadas en invierno.
38 cm.

◄ Guión de codornices
Difícil de observar, puesto que vive en pasto alto. Repite "crex-crex" chillando de forma monótona, especialmente al oscurecer.
27 cm.

Rascón ►
Ave asustadiza que habita entre cañizales. Reclamo muy variado. Patas extendidas en vuelo. Nada cortas distancias.
28 cm.

Gallos de monte, perdices, faisán

Lagópodo escocés ▶
Lagópodo escandinavo ▶
El lagópodo escocés vive en Gran Bretaña e Irlanda y el escandinavo en el norte de Europa. El lagópodo escandinavo es blanco en invierno.
36 cm.

Verano

Lagópodo escocés

Lagópodo escandinavo

En verano, el plumaje del macho es más pardusco y el de la hembra más amarillento que en otoño

Invierno

◀ **Perdiz nival**
Vive en zonas áridas de alta montaña en el norte. Presenta tres plumajes diferentes y se camufla bien. Conducta confiada con el hombre.
34 cm.

Otoño

La cola de la hembra es ahorquillada

Gallo lira ▶
A menudo se encuentra en márgenes de páramos, a veces en árboles, posado o comiendo brotes. Durante el cortejo, los machos se agrupan en una zona de apareamiento. Hembra, 41 cm.
Macho, 53 cm.

La cola del macho está curvada hacia afuera

Urogallo ▶
Ave de gran tamaño que habita en bosques espesos de coníferas. Se alimenta de los brotes tiernos de los pinos y de larvas y orugas de insectos.
Macho, 86 cm.
Hembra, 61 cm.

◀ Perdiz pardilla
A menudo en pequeños grupos. Se observa en tierras cultivadas con setos. Común en Europa y muy abundante en el norte de España.
30 cm.

El macho de faisán puede variar de coloración y en ocasiones presenta un anillo blanco en el cuello

Faisán vulgar ▶
Habita en tierras cultivadas con setos. Se cría a menudo para caza en cautividad. Dormidero sobre los árboles. Anida en el suelo. Presenta una cola larga. Macho, 87 cm.
Hembra, 58 cm.

◀ Perdiz común
Vive en pequeñas bandadas y es abundante en España. Campos y zonas arenosas abiertas. Prefiere correr a volar.
34 cm.

Limícolas

Collar blanco en invierno

◀ **Ostrero**
En general, se observa cerca del mar, especialmente en invierno. Anida frecuentemente en el interior.
43 cm.

Verano

Cuando vuela muestra franjas alares blancas

Avefría ▶
Ave de tierras cultivadas y gregaria en invierno. Aspecto blanco y negro. Corteja en el aire durante la época de cría.
Emite un "piuit".
30 cm.

Alas anchas redondeadas

Verano

Invierno

◀ **Vuelvepiedras**
Habita en costas rocosas o de guijarros. Revuelve piedras en busca de alimentos.
23 cm.

Limícolas

Chorlitejo grande ▶
Se encuentra generalmente cerca del mar, pero, en ocasiones, en zonas arenosas del interior. Frecuenta costas arenosas o de guijarros. Se observa durante todo el año.
19 cm.

Verano

Juvenil

Ancha franja alar blanca

Raramente muestra la franja alar cuando vuela

Verano

◀ Chorlitejo chico
Se observa en zonas arenosas y en riberas de guijarros en el interior. Patas amarillentas.
15 cm.

Norte de Europa

Invierno

Chorlito dorado común ▶
Cría en páramos elevados. Es gregario. Patas amarillentas.
15 cm.

Sur de Europa

19

Limícolas

Archibebe común ▶
Frecuente en las costas marítimas o en prados húmedos del interior. En vuelo se observa el obispillo y los extremos posteriores de las alas blancas.
28 cm.

Patas rojas

◀ Archibebe claro
Menos frecuente y ligeramente más claro que el archibebe común. Se observa en primavera y otoño en las costas o en el interior.
30 cm.

Andarríos chico ▶
Común en arroyos de zonas altas y lagos. En primavera y otoño, en áreas húmedas de zonas bajas. Sacude frecuentemente la cola.
20 cm.

Invierno

Verano

Franja alar blanca

◀ Aguja colinegra
Son frecuentes en la costa durante la migración invernal.
41 cm.

Verano

Limícolas

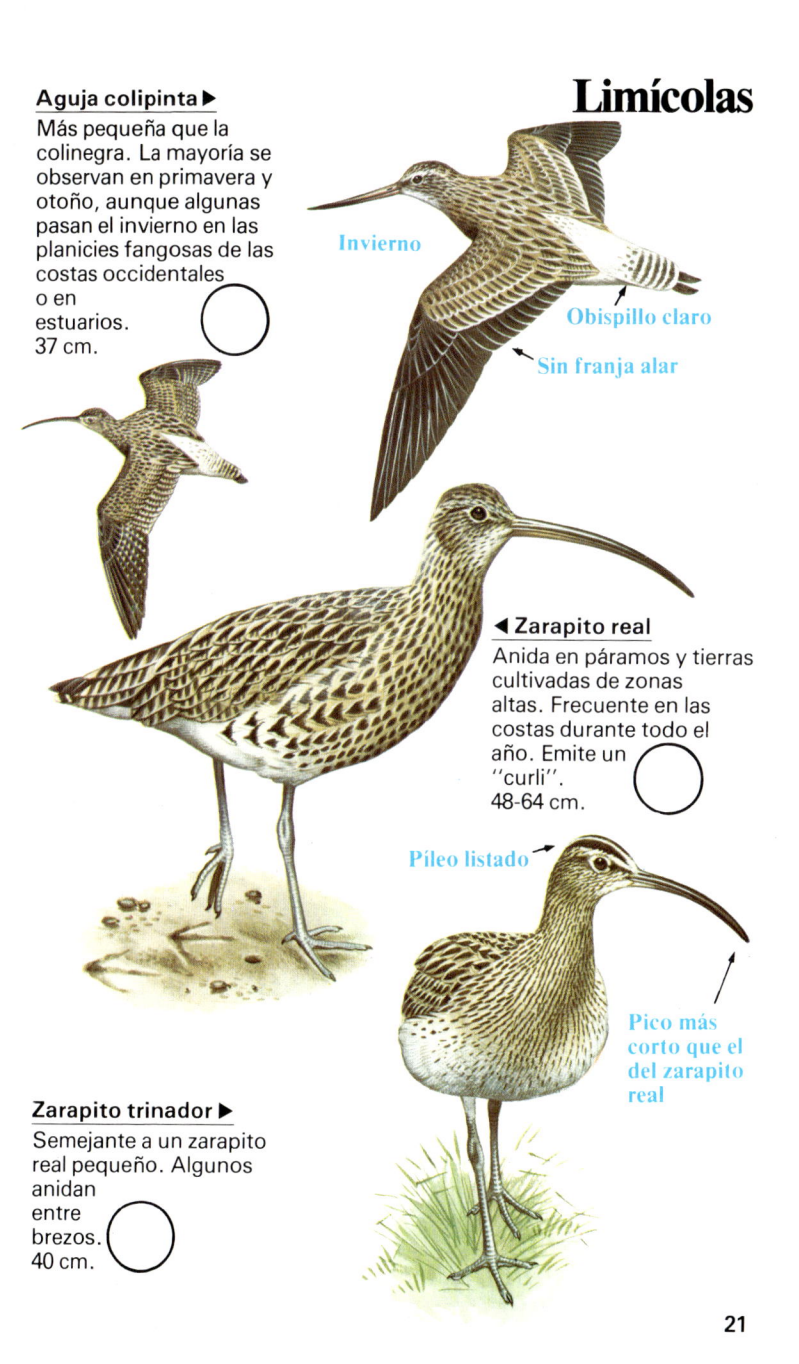

Aguja colipinta ▶
Más pequeña que la colinegra. La mayoría se observan en primavera y otoño, aunque algunas pasan el invierno en las planicies fangosas de las costas occidentales o en estuarios.
37 cm.

Invierno

Obispillo claro

Sin franja alar

◀ Zarapito real
Anida en páramos y tierras cultivadas de zonas altas. Frecuente en las costas durante todo el año. Emite un "curli".
48-64 cm.

Pileo listado

Pico más corto que el del zarapito real

Zarapito trinador ▶
Semejante a un zarapito real pequeño. Algunos anidan entre brezos.
40 cm.

21

Limícolas

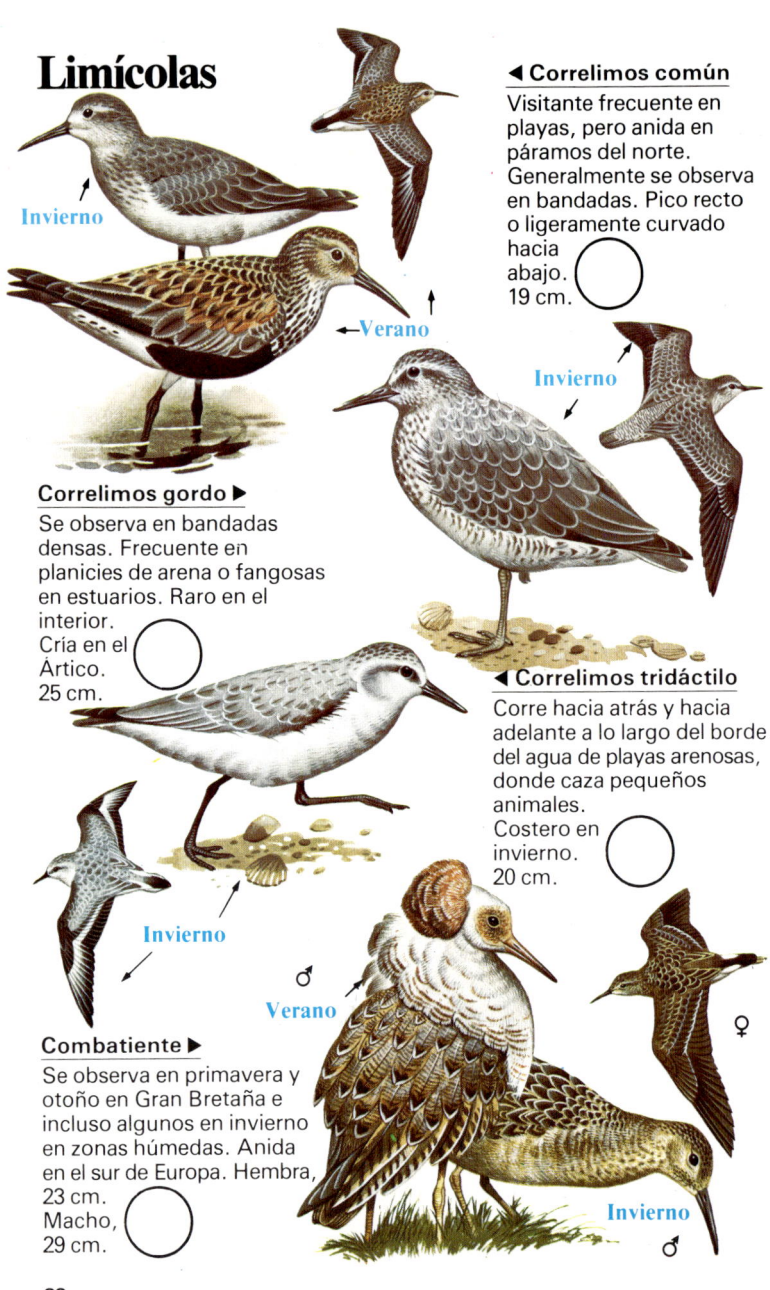

Invierno

Verano

◀ **Correlimos común**
Visitante frecuente en playas, pero anida en páramos del norte. Generalmente se observa en bandadas. Pico recto o ligeramente curvado hacia abajo.
19 cm.

Invierno

Correlimos gordo ▶
Se observa en bandadas densas. Frecuente en planicies de arena o fangosas en estuarios. Raro en el interior.
Cría en el Ártico.
25 cm.

◀ **Correlimos tridáctilo**
Corre hacia atrás y hacia adelante a lo largo del borde del agua de playas arenosas, donde caza pequeños animales.
Costero en invierno.
20 cm.

Invierno

♂ Verano

♀

Combatiente ▶
Se observa en primavera y otoño en Gran Bretaña e incluso algunos en invierno en zonas húmedas. Anida en el sur de Europa. Hembra, 23 cm.
Macho, 29 cm.

Invierno

♂

Limícolas

Chocha perdiz ▶
Ave asustadiza de bosques húmedos. Vuelo de cortejo sobre bosques al atardecer a principios de verano.
34 cm.

Chocha perdiz

◀ Agachadiza común
Habita en campos húmedos, márgenes de marismas o lagos. Difícil de observar en el campo, aunque se levanta con un vuelo en zigzag cuando es molestada.
27 cm.

Avoceta ▶
Nada ágilmente y frecuenta los parajes pantanosos y las riberas del mar. Habita en el sur de Europa.
43 cm.

23

Palomas, tórtolas

Paloma torcaz ▶
Ave común en tierras cultivadas, bosques y ciudades. Forma grandes bandadas en invierno.
41 cm.

Blanco en las alas

Obispillo gris. Sin blanco en las alas

◀ Paloma zurita
Anida en oquedades de árboles o en la superficie de rocas. Se observa alimentándose en el suelo, a menudo junto a palomas torcaces. A veces en bandadas.
33 cm.

Paloma bravía ▶
Las palomas domésticas descienden de estas aves. Generalmente se encuentran en pequeños grupos sobre acantilados marinos.
33 cm.

Palomas domésticas

Obispillo blanco

◀ Tórtola turca
Se encuentra a menudo en grandes jardines, parques o cerca de granjas. Se alimenta principalmente de semillas. A veces se observa en bandadas.
30 cm.

Blanco sobre el ala

Tórtola común ▶
Vive en bosques abiertos, parques y tierras cultivadas. Emite una llamada a modo de ronroneo.
28 cm.

Margen blanco en la cola

Alcidos, fulmar

Cuello y garganta blancos en invierno

Verano

◀ Alca común
Se distingue por su pico comprimido. Anida en colonia en acantilados y costas rocosas. Inverna en el mar. Bucea en busca de peces. A menudo junto a araos comunes. 41 cm.

Cuello y garganta blancos en invierno

Verano

Arao común ▶
Anida en bordes de acantilados en grupos muy ruidosos. Más grácil que el alca común. Las formas meridionales presentan un anillo ocular blanco y una línea blanca sobre la cabeza. 42 cm.

◀ Fulmar
Anida en colonias en bordes de acantilados marinos. A menudo planea cerca de las olas con las alas rígidas. Se puede observar cerca de los acantilados a lo largo de toda la costa. 47 cm.

Frailecillo común ▶
Islas rocosas y acantilados marinos. Anida entre rocas o en madrigueras sobre el suelo. 30 cm.

Pico coloreado y patas anaranjadas en verano

Gaviotas

Gaviota reidora ▶
Común en el interior y cerca del mar. Anida en colonias. Presenta el borde anterior de las largas alas blanco. Cabeza pardo oscura sólo en verano. 37 cm.

Invierno

Verano

Patas amarillas en verano

◀ **Gaviota sombría**
Se observa en la costa o en el interior. En invierno, la cabeza es listada de gris. 53 cm.

Gavión ▶
La gaviota británica de mayor tamaño. No es muy frecuente en el interior. Anida en costas rocosas. A menudo solitaria. Patas rosadas. 66 cm.

◀ **Gaviota cana**
Se observa en zonas meridionales y en ocasiones en el interior durante el invierno. 41 cm.

Gaviotas, golondrinas

Verano

◀ **Gaviota argéntea**
Común en las costas de ciudades portuarias y costeras. Come en basureros e incluso anida en edificios. El plumaje juvenil es moteado de pardo durante los tres primeros años. 56 cm.

Charrán ártico en verano

Charrán ártico ▶
Charrán común ▶
Ambas especies se observan preferentemente cerca del mar, pero el charrán común anida también en el interior. Ambas bucean en el mar en busca de peces. 34 cm.

El charrán común presenta el extremo del pico negro

Verano

Verano

◀ **Fumarel común**
Puede observarse en vuelo raso sobre lagos inclinándose en busca de alimentos de la superficie. 24 cm.

Invierno

Verano

Charrancito ▶
Anida en pequeños grupos sobre playas de guijarros. Bucea en busca de peces. 24 cm.

Presenta pico amarillo con el extremo negro

27

Rapaces nocturnas

Lechuza común ▶
Emite un grito agudo.
A menudo anida en
construcciones antiguas
o en huecos de árboles.
Caza micro-
mamíferos y
aves. 34 cm.

Aves de rostro y peto oscuro que se encuentran en el norte y este de Europa

◀ Mochuelo común
Pequeño y de cabeza
achatada. Vuela a baja
altura sobre tierras
cultivadas y caza al
anochecer. Sacude y gira
la cabeza
cuando
curiosea. 22 cm.

Vuelo ondulado

Cárabo común ▶
Emite un familiar "jut".
Caza de noche donde hay
bosques o árboles viejos.
Come
micromamíferos
o aves. 38 cm.

◀ Mochuelo chico
Es el más pequeño de los
estrígidos europeos. Se
encuentra en bosques de
montaña. Emite un silbante
"ki-u". Caza
micromamíferos
en vuelo. 16 cm.

28

Rapaces nocturnas

Lechuza campestre ▶

Caza durante el día y al atardecer. Se encuentra en campo abierto, donde caza topillos y otros micromamíferos. Se posa en el suelo. Aspecto fiero. 37 cm.

◀ Búho chico

Estrígida huidiza que caza de noche en bosques de coníferas densos. Descansa durante el día. Durante el vuelo no se observan las "orejas". 34 cm.

Lechuza de Tengmalm ▶

Búho pequeño que habita en bosques de Europa central y septentrional. Caza de noche. Anida en huecos de árboles. 25 cm.

◀ Autillo

Habita en el sur de Europa. Emite un monótono "kíu" desde el posadero oculto. Caza únicamente de noche. 19 cm.

Abubilla, chotacabras, cuco, martín

Abubilla ▶
Común en el sur de Europa. Excava en el suelo en busca de insectos con su largo pico. 28 cm.

El macho presenta manchas blancas

◀ Chotacabras gris
Raramente se observa durante el día. Emite un continuo runruneo después de anochecer, cuando caza insectos. Migra en verano. Habita zonas de matorrales. 27 cm.

Chotacabras gris

Cuco ▶
El canto del macho es muy conocido. La hembra emite una llamada "burbujeante". Vuelo similar al del gavilán. 30 cm.

Cuco juvenil

◀ Martín pescador
Vivamente coloreado. Se encuentra cerca de lagos y ríos, donde bucea en busca de peces. Emite un silbido agudo. 17 cm.

Vuelo generalmente bajo y rectilíneo sobre el agua

30

Picos

▼ Pico picapinos
Tamaño de un zorzal común. Habita en los bosques. Tamborilea sobre la madera en primavera. 23 cm.

El macho presenta píleo rojo

La hembra presenta una mancha rojiza en la base de la cabeza

Grandes manchas blancas en las alas

▲ Pico negro
Tamaño de una graja. En bosques de Europa, especialmente de coníferas. En vuelo se puede confundir con un cuervo. 46 cm.

▼ Pico real
Tamaño de una paloma doméstica. Se alimenta generalmente sobre el suelo. Bosques abiertos y parques. Llamada a modo de risa. 32 cm.

Obispillo amarillo-verdoso

Dorso listado

▲ Pico menor
Tamaño de gorrión. Carece de las manchas alares blancas del pico picapinos. El macho presenta el píleo rojo. Se encuentra en bosques abiertos. 14 cm.

Todos presentan vuelo ondulado

Vencejo, golondrina, aviones

Vencejo común ▶
Vuela rápido sobre ciudades y campos en bandadas. Emite un chillido. 17 cm.

La cola del vencejo es ahorquillada

La cola de la golondrina es más alargada en el adulto

Partes inferiores blancas

◀ Golondrina común
Prefiere campo abierto, generalmente cerca del agua. Anida en vigas o en salientes de edificios. 19 cm.

Avión común ▶
Construye un nido cerrado bajo aleros. Se encuentra en la ciudad y el campo. Igual que la golondrina, captura insectos en vuelo. 13 cm.

Obispillo blanco

Partes inferiores blancas

◀ Avión zapador
Anida en colonias en huecos de acantilados arenosos o en terrenos blandos. A menudo en bandadas que cazan insectos sobre el agua. 12 cm.

Dorso pardo

Banda parda en el pecho

Alondras, bisbitas, acentor

Bordes dorsales de las alas claros

◀ Alondra común
Vive en campo abierto, especialmente en terrenos cultivados. Se remonta a gran altura, se cierne y desciende cantando. 18 cm.

Plumas externas de la cola blancas

Cogujada común ▶
Se distribuye ampliamente en Europa central y meridional. Se encuentra en zonas abiertas, a menudo áridas. 17 cm.

Plumas externas de la cola anaranjadas

◀ Bisbita común
Muy frecuente en páramos de zonas altas, pero también en campos, marismas y otras zonas abiertas, especialmente en invierno. 14,5 cm.

Canta cuando desciende "en paracaídas" hasta el suelo

El vuelo de canto empieza o finaliza en un árbol o matorral

Bisbita arbóreo ▶
Habita en brezales, claros de bosques o zonas de matorrales dispersos. A menudo se posa en ramas. 15 cm.

Sacude frecuentemente las alas

◀ Acentor común
Común, incluso en jardines. Se alimenta en comederos. 14,5 cm.

Lavanderas

Lavandera blanca enlutada ▶

Lavandera blanca común ▶

La lavandera blanca común está ampliamente distribuida en Europa. En Gran Bretaña sólo se presenta generalmente la lavandera blanca enlutada. Frecuente incluso en ciudades. 18 cm.

Lavandera blanca enlutada

Los juveniles son grises

Lavandera blanca común

◀ Lavandera cascadeña

Anida generalmente cerca de arroyos de corriente rápida en zonas de montaña. Amarillo más claro en invierno, cuando frecuenta aguas de zonas más bajas. El macho presenta la garganta negra. 18 cm.

Verano

Lavandera boyera alemana. Europa central

Lavandera boyera inglesa ▶

Lavandera boyera alemana ▶

Frecuentan pastizales cerca del agua. En Gran Bretaña sólo se encuentra generalmente la lavandera boyera inglesa. 17 cm.

Lavandera boyera inglesa. Gran Bretaña e Irlanda

Lavandera boyera italiana. Europa meridional

Lavandera boyera ibérica. España y Portugal

Las hembras presentan coloración más apagada

Ampelis, mirlo, chochín, alcaudones

Similar en vuelo al estornino pinto

◄ Ampelis europeo
Norte de Europa. Se alimenta de bayas y suele visitar jardines. 17 cm.

Mirlo acuático ►
En ríos de corriente rápida y arroyos de zonas montañosas. Sacude la cola posado sobre las rocas que sobresalen del agua. Se sumerge en busca de alimentos. 18 cm.

Gran Bretaña y Europa central

Norte de Europa

◄ Chochín
Se encuentra en gran variedad de hábitats. El canto chillón finaliza con un trino. Nunca permanece quieto por mucho tiempo. 9,5 cm.

Vuelo rápido y rectilíneo, alas redondeadas

♂ ♀

Alcaudón dorsirrojo ►
Caza y come insectos, pequeñas aves, etc. 17 cm.

Almacena alimentos clavándolos en espinos

◄ Alcaudón real
Se alimenta de aves, mamíferos, etc. Vuelo bajo y generalmente ondulado. 24 cm.

35

Carriceros, currucas

Carricerín común ▶
Anida entre vegetación espesa, generalmente cerca del agua, pero a veces en zonas secas. Canta desde el posadero y a menudo es difícil de observar. 13 cm.

Línea blanca sobre el ojo

Obispillo pardo rojizo

◀ Carricero común
Anida en carrizales o a lo largo de vegetación próxima al agua. Difícil de observar. Revolotea sobre los carrizales. 13 cm.

Curruca mosquitera ▶
Canta desde la vegetación espesa y es difícil de observar. Frecuenta bosques con matorrales o setos densos. Su canto puede confundirse con el de la curruca capirotada. 14 cm.

Castaño por encima, más claro por debajo

♂

Píleo de la hembra pardo rojizo

◀ Curruca capirotada
Frecuente en bosques o zonas con arbolado. Siempre que canta se mueve de un posadero a otro. 14 cm.

♀

Curruca, mosquiteros

La hembra y el juvenil muestran la cabeza pardusca

◄ **Curruca zarcera**
Se oculta en la espesura bajo matorrales. A veces emite su canto rápido mientras vuela. Vuelo corto y espasmódico. 14 cm.

Vuelo corto y espasmódico

Mosquitero musical ►
Es el gorjeador más común en Gran Bretaña. Su canto, que emite en escala, es el mejor rasgo para distinguirlo del mosquitero común. 11 cm.

Patas ligeramente coloreadas

El juvenil es más amarillento

◄ **Mosquitero común**
Su repetido "chiff-chaff" puede escucharse en bosques y matorrales. 11 cm.

Patas oscuras

Mosquitero silbador ►
Canta desde una rama repitiendo una nota cada vez más rápido hasta llegar al trino. 13 cm.

Pecho amarillo, partes inferiores blancas

Papamoscas, tarabillas, collalba

◀ Papamoscas cerrojillo
Vuela tras los insectos, cazándolos al aire. También se alimenta en el suelo. 13 cm.

Tarabilla norteña ▶
Se encuentra en campo abierto. Emite un "tic-tic". Se posa en lo alto de matorrales y postes. 13 cm.

Sacude las alas y la cola

◀ Tarabilla común
Emite un "tac-tac" similar al sonido producido al golpear dos piedras. Se encuentra en brezales, especialmente cerca del mar. 13 cm.

Coloración más apagada en invierno

Collalba gris ▶
Habita en páramos y zonas áridas. 15 cm.

Obispillo blanco y cola negra

Colirrojos, petirrojo, ruiseñor

Papamoscas gris ▶
Caza insectos al vuelo. Frecuenta bosques abiertos, parques y jardines. 14 cm.

Se posa erguido generalmente sobre una rama desnuda

◀ Colirrojo real
Habita en bosques abiertos, parques y brezales. Sacude constantemente la cola. 14 cm.

Colirrojo tinzón ▶
Pocos anidan en edificios o acantilados. Algunos invernan en el sur de Inglaterra. Sacude la cola. 14 cm.

◀ Petirrojo
Ave de bosque familiar en jardines. Canta durante el invierno y primavera. Emite un "tic-tic" en señal de alarma. El macho y la hembra son similares. 14 cm.

Ruiseñor ▶
La mejor forma de localizarlo es por su canto, que emite durante mayo y junio. 17 cm.

Cola rojiza

39

Zorzal, mirlos, oropéndolas

Zorzal real ▶
En otoño pueden observarse bandadas comiendo bayas en setos. 25,5 cm.

◀ Mirlo capiblanco
Habita en páramos y montañas. Frecuenta zonas más bajas durante la migración. Más esquivo que el mirlo común. Emite un sonoro píido. 24 cm.

Los jóvenes son más claros y moteados que las hembras

Mirlo común ▶
Habita en arboledas y matorrales, a menudo en parque y jardines. Algunos mirlos comunes son parcialmente albinos y presentan algunas plumas blancas. 25 cm.

◀ Oropéndola
Difícil de observar, ya que pasa la mayor parte del tiempo en la cima de los árboles. 24 cm.

40

Zorzales, estornino pinto

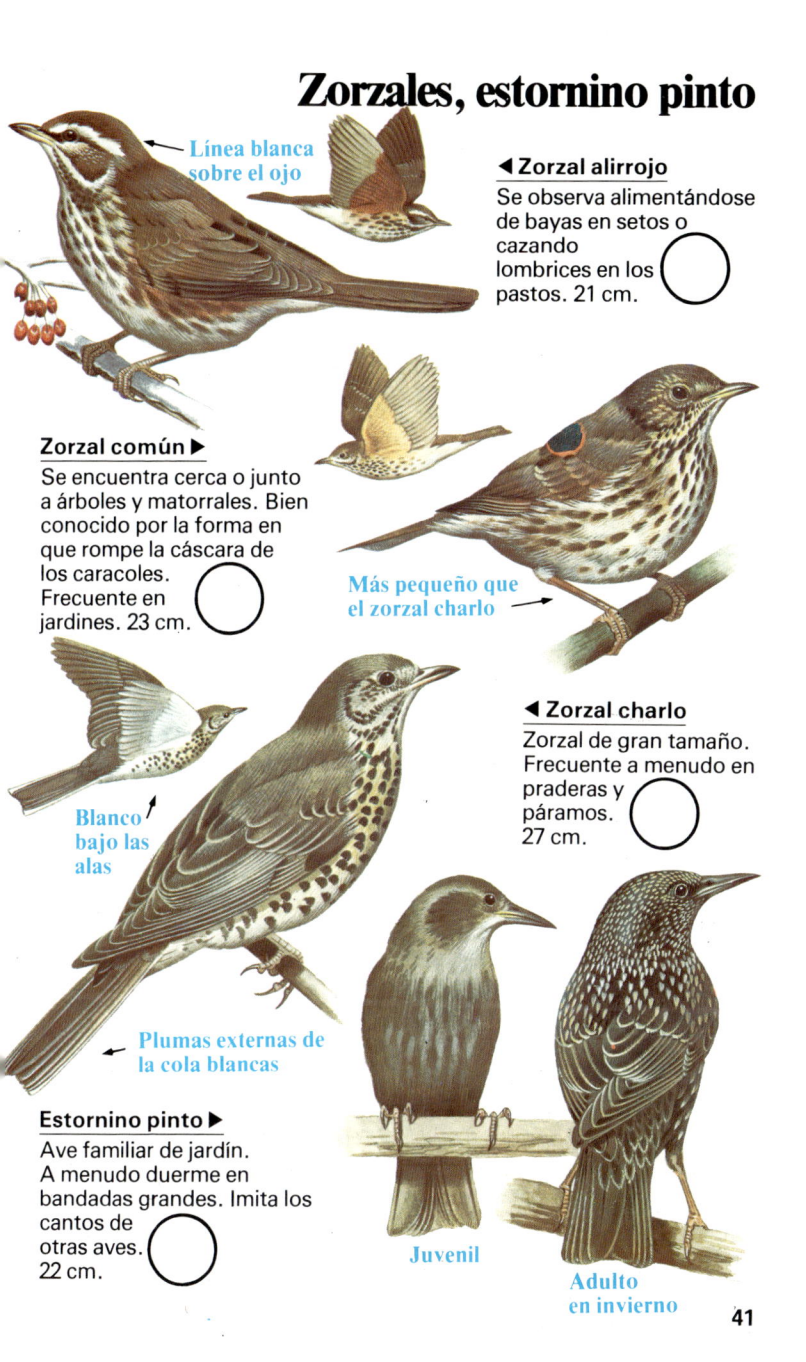

Línea blanca sobre el ojo

◄ Zorzal alirrojo
Se observa alimentándose de bayas en setos o cazando lombrices en los pastos. 21 cm.

Zorzal común ►
Se encuentra cerca o junto a árboles y matorrales. Bien conocido por la forma en que rompe la cáscara de los caracoles. Frecuente en jardines. 23 cm.

Más pequeño que el zorzal charlo

◄ Zorzal charlo
Zorzal de gran tamaño. Frecuente a menudo en praderas y páramos. 27 cm.

Blanco bajo las alas

Plumas externas de la cola blancas

Estornino pinto ►
Ave familiar de jardín. A menudo duerme en bandadas grandes. Imita los cantos de otras aves. 22 cm.

Juvenil

Adulto en invierno

41

Páridos

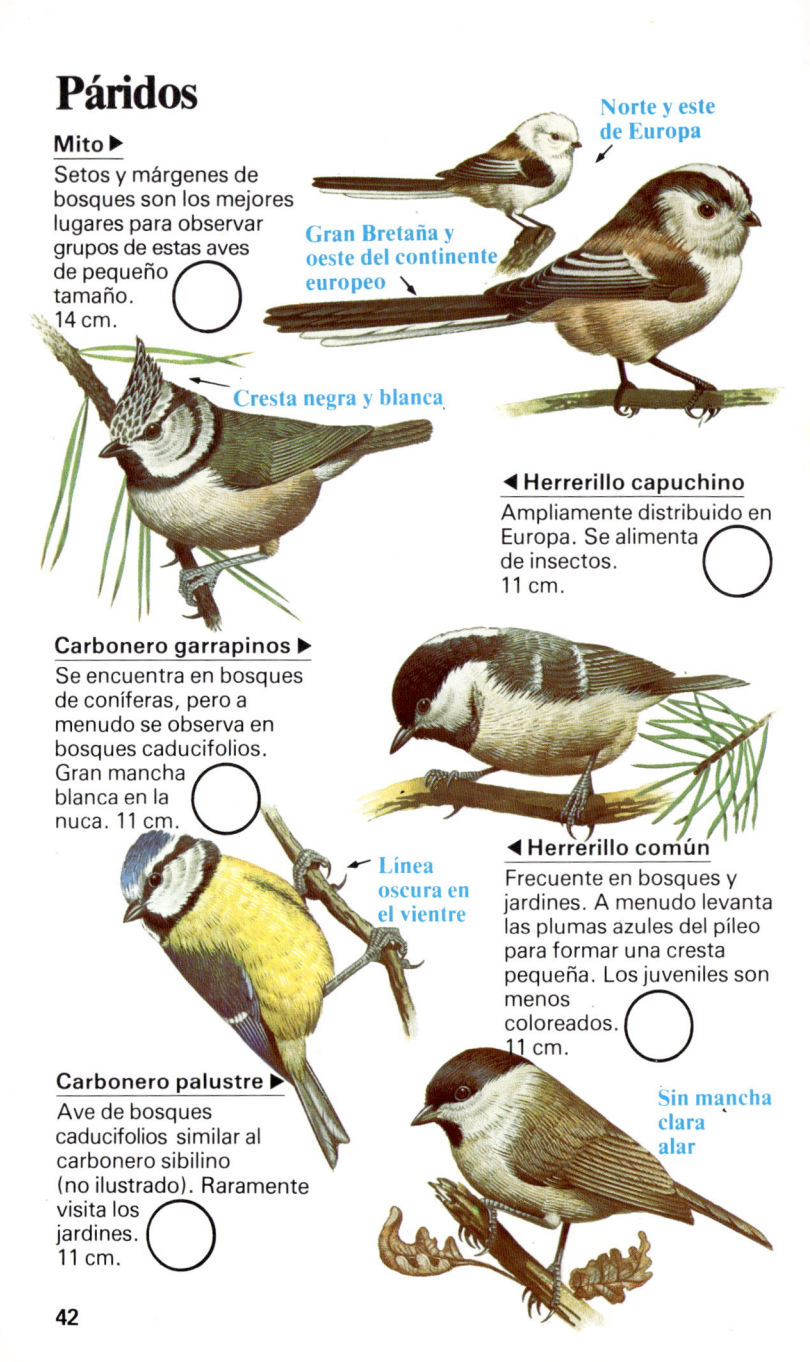

Mito ▶
Setos y márgenes de bosques son los mejores lugares para observar grupos de estas aves de pequeño tamaño.
14 cm.

Norte y este de Europa

Gran Bretaña y oeste del continente europeo

Cresta negra y blanca

◀ Herrerillo capuchino
Ampliamente distribuido en Europa. Se alimenta de insectos.
11 cm.

Carbonero garrapinos ▶
Se encuentra en bosques de coníferas, pero a menudo se observa en bosques caducifolios. Gran mancha blanca en la nuca. 11 cm.

Línea oscura en el vientre

◀ Herrerillo común
Frecuente en bosques y jardines. A menudo levanta las plumas azules del píleo para formar una cresta pequeña. Los juveniles son menos coloreados.
11 cm.

Carbonero palustre ▶
Ave de bosques caducifolios similar al carbonero sibilino (no ilustrado). Raramente visita los jardines.
11 cm.

Sin mancha clara alar

Trepador, agateador, reyezuelos

Carbonero común ▶

El más grande de los paros. Habita en bosques y jardines. Anida en huecos de árboles o bien en cajas anidaderas.
14 cm.

Ancha banda negra en el pecho

◀ Trepador azul

Se encuentra en bosques caducifolios. Trepa por los árboles en una serie de cortos saltos. Cola muy corta. Anida en huecos de árboles.
14 cm.

Agateador norteño ▶

Se observa generalmente en bosques trepando por los troncos de los árboles y volando hacia abajo de nuevo en busca de alimento. Emite una llamada de tono elevado. 13 cm.

Lista blanca sobre el ojo

Reyezuelo listado

Reyezuelo sencillo

◀ Reyezuelo listado
◀ Reyezuelo sencillo

Son las aves más pequeñas de Europa. El reyezuelo sencillo se encuentra a menudo en bosques, especialmente pinares, por toda Gran Bretaña. El reyezuelo listado es menos frecuente. 9 cm.

43

Fringílidos

Pinzón vulgar ▶
Se encuentra en zonas de arboledas y matorrales, incluyendo jardines. A menudo en bandadas con otros fringílidos, durante el invierno.
15 cm.

El macho muestra la cabeza pardusca en invierno

◀ Pinzón real
Las bandadas se alimentan de granos y semillas. Gusta del fruto de las hayas. 15 cm.

Verderón común ▶
Frecuente en jardines, especialmente en invierno. Anida generalmente en arboledas y matorrales.
15 cm.

◀ Lúgano
Fringílido de pequeño tamaño. Anida en coníferas. En invierno visita jardines y se alimenta de cacahuetes.
11 cm.

Fringílidos

◄ Camachuelo común
Se encuentra frecuentemente en márgenes de bosques y en jardines. Come semillas y es una plaga en los huertos, donde desgarra los brotes de los árboles frutales. 15 cm.

En vuelo muestra el obispillo blanco

Pardillo común ►
Vive en brezales y tierras cultivadas, pero también se encuentra en las ciudades, donde frecuenta los jardines. Se alimenta de granos. Gregarios en invierno. 13 cm.

Pardillo sizerín, raza continental

Pardillo sizerin, raza británica y alpina

◄ Pardillo sizerín
(raza británica y alpina y raza continental).
La raza británica y alpina es frecuente en bosques de abedul y en plantaciones forestales, en Gran Bretaña. La raza continental vive en el norte de Europa. 12 cm.

Jilguero ►
Se alimenta de semillas de cardo y de grano, en lugares abiertos. Anida en los árboles. 12 cm.

Franja alar amarilla

45

Piquituerto, córvidos

◄ Piquituerto común
Anida en pinares. Poco frecuente en otras zonas. Come semilla de las piñas.
16 cm.

Tamaño de gorrión

Arrendajo común ►
Ave de bosque de carácter receloso. Puede frecuentar jardines. Emite un chillido penetrante. En vuelo muestra el obispillo blanco.
32 cm.

Cuervo ►
Córvido de gran tamaño que habita en zonas rocosas salvajes o en costas rocosas. Presenta la cola en forma de cuña y pico grueso. Grazna.
64 cm.

Gris sobre la cabeza

Grajilla ►
Representante pequeño de la familia de los córvidos. Se encuentra en zonas con árboles viejos, edificios antiguos o acantilados. Anida en colonias. A menudo se observa junto a grajas.
33 cm.

Córvidos

◀ **Corneja negra**
◀ **Corneja cenicienta**

La corneja negra se observa en solitario o en parejas. La corneja cenicienta forma bandadas. La corneja negra está más ampliamente distribuida que la cenicienta. 47 cm.

Corneja negra

Corneja cenicienta

Graja ▶

Anida en colonias en la cima de árboles. Se observa generalmente en bandadas y se encuentra en tierras de cultivo. Los jóvenes carecen de piel desnuda alrededor del pico. Emiten un agudo "kau". 46 cm.

Muslo cubierto de plumas

◀ **Urraca**

Se observa tanto en la ciudad como en el campo. Come huevos y polluelos de ave en primavera. Forman colonias en invierno. 46 cm.

Gorriones, escribanos

Gorrión común ▶
Ave muy familiar. Habita cerca de las casas e incluso en centros urbanos, donde se alimenta de migajas, etc. A menudo se observa en bandadas.
15 cm.

Píleo pardusco y tiznado bajo el ojo

Macho y hembra similares

◀ Gorrión molinero
Anida generalmente en huecos de árboles o acantilados. Menos frecuente en las ciudades que el gorrión común, aunque en ocasiones se agrupan con ellos en invierno.
14 cm.

Escribano cerillo ▶
Común en campo abierto, especialmente en tierras de cultivo. Se alimenta en el suelo. Forma colonias en invierno. Canta desde lo alto de los matorrales.
17 cm.

◀ Escribano palustre
Muy frecuente cerca del agua, pero en ocasiones anidan en zonas secas con hierba alta. En invierno visita a veces los comederos.
15 cm.

Triguero ▶
Muy común en maizales. Canta desde postes, matorrales o cables eléctricos.
18 cm.

Coloración de las aves

¿Puedes identificar estas aves y colorearlas correctamente? Los nombres se indican, invertidos, al final de la página.

1. _____
2. _____
3. _____
4. _____

1. Faisán (macho). 2. Martín pescador. 3. Herrerillo común. 4. Tórtola turca.

49

Identifica las patas

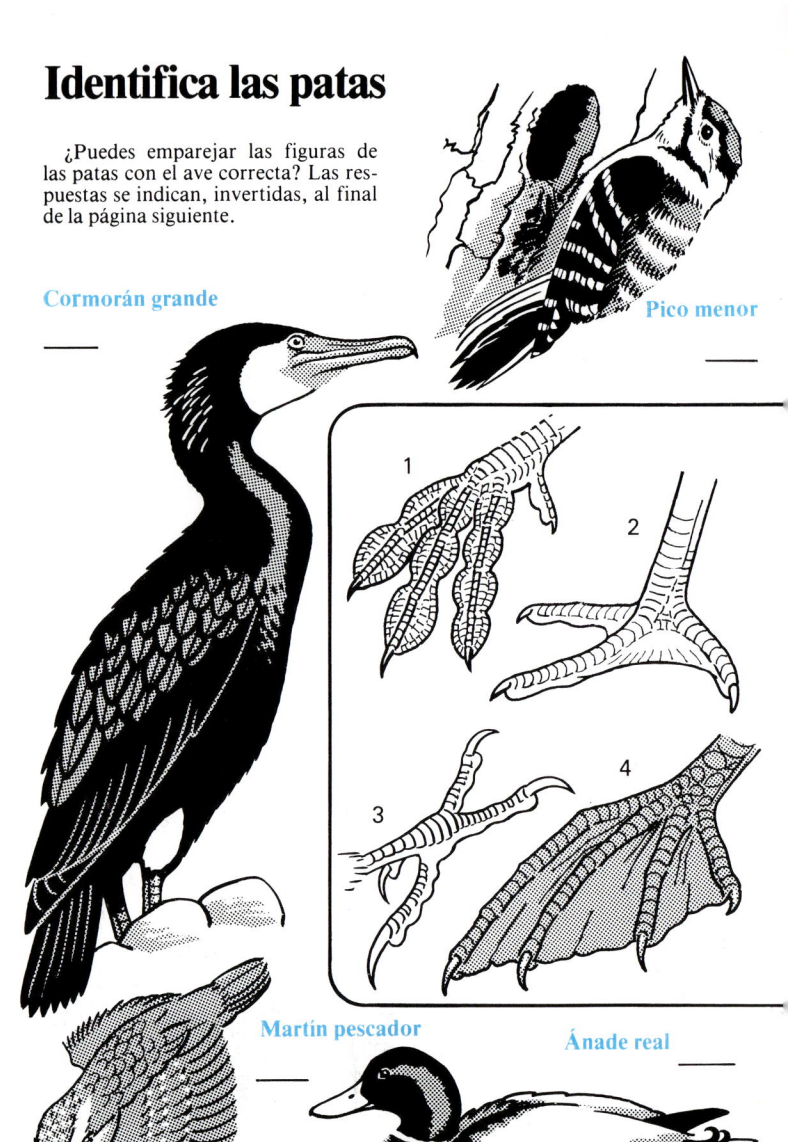

¿Puedes emparejar las figuras de las patas con el ave correcta? Las respuestas se indican, invertidas, al final de la página siguiente.

Cormorán grande

Pico menor

Martín pescador

Ánade real

Petirrojo

Águila real

Cárabo común

Focha común

Ostrero

1. Focha común. 2. Ostrero. 3. Pico menor. 4. Cormorán grande. 5. Cárabo común. 6. Martín pescador. 7. Águila real. 8. Ánade real. 9. Petirrojo.

51

El nombre de las aves

Observa con atención las siluetas de estas aves e intenta identificarlas. Sus nombres se encuentran, invertidos, al final de la página siguiente.

1. _____

2. _____

3. _____

4. _____

1. Vencejo común. 2. Chocha perdiz. 3. Avoceta. 4. Urogallo. 5. Golondrina común. 6. Alcatraz. 7. Gallo lira (macho). 8. Avefría. 9. Somormujo lavanco.

53

Construcción de un comedero

¿Por qué no construir un comedero para tu jardín o para colgar de una ventana? Es una buena forma de atraer a las aves y de ayudarlas a sobrevivir en invierno.

Los alimentos disponibles son cacahuetes (sin salar), trozos de manzana, cereales, cortezas de tocino, galletas, migas de pan, pasas, semillas de girasol, patata hervida y harina endurecida.

Alimenta a las aves del jardín entre octubre y mayo. Existen en la naturaleza suficientes alimentos para ellos durante el verano y algunos de los mencionados anteriormente pueden ser perjudiciales para los juveniles nacidos en primavera.

Si colocas alimentos todos los días, no ceses repentinamente, en especial si el tiempo es frío, ya que las aves confiarán en este abastecimiento. Limpia la caja con regularidad con agua caliente y elimina los restos de comida.

Estos diagramas te muestran cómo construir un comedero sencillo. Necesitarás: una plancha delgada de madera (40 cm.^{2}), cuatro listones de madera blanca (2 cm. $\times$ 2 cm. $\times$ 30 cm. de largo), ocho tornillos y un destornillador, cola, barniz, un pincel, hilo de nailon y cuatro cáncamos. Puedes adquirir estos artículos en una casa de "bricolage".

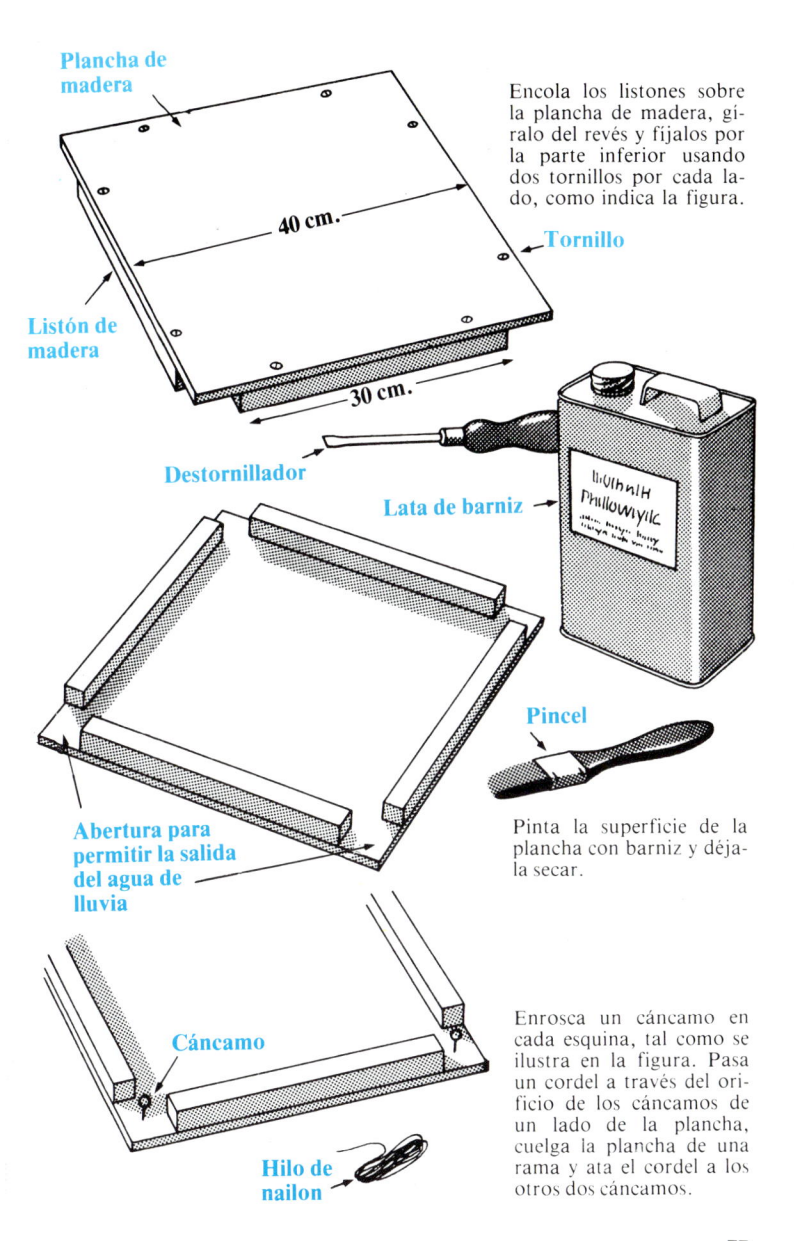

Plancha de madera

Encola los listones sobre la plancha de madera, gíralo del revés y fíjalos por la parte inferior usando dos tornillos por cada lado, como indica la figura.

40 cm.

Tornillo

Listón de madera

30 cm.

Destornillador

Lata de barniz

Pincel

Pinta la superficie de la plancha con barniz y déjala secar.

Abertura para permitir la salida del agua de lluvia

Cáncamo

Hilo de nailon

Enrosca un cáncamo en cada esquina, tal como se ilustra en la figura. Pasa un cordel a través del orificio de los cáncamos de un lado de la plancha, cuelga la plancha de una rama y ata el cordel a los otros dos cáncamos.

Inventario de las aves de jardín

Haz un inventario de las aves que frecuentan el comedero o de cualquier otro lugar donde les coloques alimentos. Aprenderás pronto cuándo esperar ciertas aves. Intenta hacer inventario de aquellas aves que se nutren de alimentos naturales, tales como lombrices y bayas, y de aquellas que se alimentan de la comida que tú les suministras. Puedes observar también material de colecciones de aves y construir sus nidos. El mejor momento para observar a las aves es a primeras horas de la mañana.

El diagrama de esta página es un ejemplo de un inventario de las aves de jardín. Haz un inventario de las aves que visitan tu jardín en una libreta o en hojas sueltas encuadernadas. Si lo prefieres, puedes hacer una lista de las aves semanal, en lugar de una mensual. Conserva tus notas durante dos años y compara las presencias y períodos de permanencia de las aves migrantes.

Nombre de las aves	Señala los meses en que ves las aves E F M A M J J A S O N D	Alimento suministrado	Alimento natural	¿Beben?	¿Baños?	Dónde anidan
Gorrión común	√ √ √ √ √	Pan		√	√	Bajo aleros
Petirrojo						
Herrerillo común						
Carbonero común						
Estornino pinto						
Acentor común						
Mirlo común						
Zorzal común						
Verderón común						
Tórtola turca						
Camachuelo común						
Avión común						
Golondrina común						
Pinzón vulgar						

Vocabulario

Colonia: Grupo de aves de la misma especie que anidan próximas.

Coníferas: Árboles, tales como pinos y abetos, que producen piñas, de hoja en forma de aguja y generalmente siempre verdes.

Cortejo nupcial: Cuando un macho procura el apareamiento. Algunas aves exhiben su plumaje; otras ejecutan un cortejo en el aire.

Cubierta: Brezales, matorrales, pastos densos: cualquier lugar donde se oculta un ave.

Dormidero: Lugar donde el ave duerme.

Época de cría: Época del año en la que una pareja de aves construye el nido, se aparea, pone huevos y cuida de los pequeños.

Especie: Grupo de aves de aspecto similar y que se comportan de igual manera; por ejemplo, la gaviota argéntea es el nombre de una especie.

Juvenil: Ave joven que abandona el nido y cuyo plumaje no es el mismo que el de los padres.

Migración: Movimiento regular de las aves de un lugar a otro, del área de cría al área donde pasan el invierno. Las aves que migran se denominan migrantes o visitantes.

Muda: Cuando las aves reemplazan sus plumas por otras nuevas. Todas las aves sufren la muda al menos una vez al año. En los patos, el plumaje más apagado que permanece después de la muda se denomina plumaje en "eclipse".

Obispillo: Zona inferior del dorso y base de la cola de un ave.

Pileo: Zona superior de la cabeza del ave.

Zona de apareamiento: Área donde los machos se reúnen para mostrarse ante las hembras en la época de cría.

Bibliografía

ARDLEY, N. *Las aves.* Ed. Fontalba. Barcelona, 1979.
BRUNN, B. y SINGER, A. *Guía de las aves de Europa.* Ed. Omega. Barcelona, 1971.
CORONADO, R., DEL PORTILLO, F. y SAEZ-ROYUELA, R. *Guía de las anátidas en España.* I.C.O.N.A. Madrid, 1973.
HARRISON, C. *Guía de campo de los nidos, huevos y polluelos de las aves de España y Europa.* Ed. Omega. Barcelona, 1977.
HEINZEL, H., FITTER, R. y PARSLOW, J. *Manual de las aves de España y de Europa, norte de África y Próximo Oriente.* Ed. Omega. Barcelona, 1975.
MAYOL, J. *Els aucells de les Balears.* Manuals d'introducció a la naturalesa. 2. Ed. Moll. Palma de Mallorca, 1978.
MORILLO, C. *Guía de las rapaces ibéricas.* I.C.O.N.A. Madrid, 1976.
MUNTANER, J. y CONGOST, J. *Avifauna de Menorca.* Treballs del Museu de Zoologia. Barcelona, 1979.
PEDROCCHI, C. *Las aves de Aragón.* Librería General. Zaragoza, 1978.
PETERSON, R., MOUNFORT, G. y HOLLOM, P.A.D. *Guía de campo de las aves de España y de Europa.* Ed. Omega. Barcelona, 1967.
TUCK, G. y HEINZEL, H. *Guía de campo de las aves marinas de España y del mundo.* Ed. Omega. Barcelona, 1980.

Índice

Abubilla, 30
Acentor común, 33
Agachadiza común, 23
Agateador norteño, 43
Águila, pescadora, 12; real, 12
Aguja, colinegra, 20; colipinta, 21
Alca común, 25
Alcatraz, 5
Alcaudón, dorsirrojo, 35; real, 35
Alcotán, 14
Alondra común, 33
Ampelis europeo, 35
Ánade, rabudo, 8; real, 8; silbón, 8
Andarríos chico, 20
Ánsar, campestre, 7; careto grande, 7; común, 6; piquicorto, 7
Arao común, 25
Archibebe, claro, 20; común, 20
Arrendajo común, 46
Autillo, 29
Avefría, 18
Aves de presa, 12-14
Avión, común, 32; zapador, 32
Avoceta, 23
Azor, 14

Barnacla, canadiense, 6; cariblanca, 6; carinegra, 6
Bisbita, arbóreo, 33; común, 33
Búho chico, 29

Camachuelo común, 45
Cárabo común, 28
Carbonero, común, 43; garrapinos, 42; palustre, 42
Carricerín común, 36
Carricero común, 36
Cerceta común, 8
Cernícalo, 13
Cigüeña común, 11
Cisne, cantor, 7; chico o de Bewick, 7; vulgar, 7
Cogujada común, 33
Colirrojo, real, 39; tinzón, 39
Collalba gris, 38

Charrán, ártico, 27; común, 27
Charrancito, 27
Chocha perdiz, 23
Chochín, 35
Chorlitejo, chico, 19; grande, 19
Chorlito dorado común, 19
Chotacabras gris, 30

Eider, 9
Escribano, cerillo, 48; palustre, 48
Estornino pinto, 41

Faisán vulgar, 17
Focha común, 15
Frailecillo común, 25
Fringílidos, 44-45
Fulmar, 25
Fumarel, 27

Gallina de agua, 15
Gallo lira, 16
Garza real, 11
Gavilán, 13
Gavión, 26
Gaviota, argéntea, 27; cana, 26; reidora, 26; sombría, 26
Golondrina común, 32
Gorrión, común, 48; molinero, 48
Graja, 47
Grajilla, 46
Guión de codornices, 15

Halcón, abejero, 14; común, 14
Herrerillo, capuchino, 42; común, 42

Jilguero, 45

Lagópodo, escandinavo, 16; escocés, 16
Lavandera, blanca común, 34; blanca enlutada, 34; boyera alemana, 34; boyera ibérica, 34; boyera inglesa, 34; boyera italiana, 34; cascadeña, 34
Lechuza, campestre, 29; común, 28; de Tengmalm, 29
Limícolas, 18-23
Lúgano, 44

Martín pescador, 30
Milano real, 12
Mirlo, acuático, 35; capiblanco, 40; común, 40
Mito, 42
Mochuelo, común, 28; chico, 28
Mosquitero, común, 37; musical, 37; silbador, 37

Oropéndola, 40
Ostrero, 18

Paloma, bravía, 24; torcaz, 24; zurita, 24

Papamoscas, cerrojillo, 38; gris, 39
Pardillo, común, 45; sizerín raza británica y alpina, 45; sizerín raza continental, 45
Pato cuchara, 9
Perdiz, común, 17; nival, 16; pardilla, 17
Petirrojo, 39
Pico, menor, 31; picapinos, 31; negro, 31; real, 31
Pinzón, real, 44; vulgar, 44
Piquituerto común, 46
Porrón, común, 9; moñudo, 9; osculado, 10

Rascón, 15
Ratonero común, 13
Reyezuelo, listado, 43; sencillo, 43
Ruiseñor, 39

Serreta, grande, 10; mediana, 10
Somormujo lavanco, 11

Tarabilla, común, 38; norteña, 38
Tarro blanco, 3
Tórtola, común, 24; turca, 24
Trepador azul, 43
Triguero, 48

Urogallo, 17
Urraca, 47

Vencejo común, 32
Verderón común, 44
Vuelvepiedras, 18

Zampullín chico, 11
Zarapito, real, 21; trinador, 21
Zorzal, alirrojo, 41; común, 41; charlo, 41; real, 40

Lista de especies

p. 5 Cormorán moñudo, *Phalacrocorax carbo*
Alcatraz, *Sula bassana*
Cormorán grande, *Phalacrocorax aristotelis*

p. 6 Barnacla carinegra, *Branta bernicla*
Barnacla canadiense, *Branta canadensis*
Ansar común, *Anser anser*
Barnacla cariblanca, *Branta leucopsis*

p. 7 Ansar piquicorto, *Anser brachyrhynchus*
Ansar campestre, *Anser fabalis*
Ansar careto grande, *Anser albifrons*
Cisne vulgar, *Cygnus olor*
Cisne cantor, *-Cygnus cygnus*
Cisne chico o de Bewick, *-Cygnus Bewickii*

p. 8 Ánade real, *Anas platyrrhynchos*
/9 Cerceta común, *Anas crecca*
Ánade silbón, *Anas penelope*
Ánade rabudo, *Anas acuta*
Pato cuchara, *Anas clypeata*
Porrón común, *Aythya ferina*
Porrón moñudo, *Aythya fuligula*
Eider, *Somateria mollissima*

p. 10 Porrón osculado, *Bucephala clangula*
Serreta mediana, *Mergus serrator*
Serreta grande, *Mergus merganser*
Tarro blanco, *Tadorna tadorna*

p. 11 Somormujo lavanco, *Podiceps cristatus*
Zampullín chico, *Tachybaptus ruficollis*
Garza real, *Ardea cinerea*
Cigüeña común, *Ciconia ciconia*

p. 12 Águila pescadora, *Pandion haliaetus*
/13 Águila real, *Aquila chrysaetos*

Milano real, *Milvus milvus*
Ratonero común, *Buteo buteo*
Gavilán, *Accipiter nisus*
Cernícalo vulgar, *Falco tinnunculus*

p. 14 Alcotán, *Falco subbuteo*
Halcón común, *Falco peregrinus*
Azor, *Accipiter gentilis*
Halcón abejero, *Pernis apivorus*

p. 15 Gallina de agua, *Gallinula chloropus*
Focha común, *Fulica atra*
Guión de codornices, *Crex crex*
Rascón, *Rallus aquaticus*

p. 16 Lagópodo escocés, *Lagopus lago-*
/17 *pus scoticus*
Lagópodo escandinavo, *Lagopus lagopus lagopus*
Perdiz nival, *Lagopus mutus*
Gailo lira, *Lyrurus tetrix*
Urogallo, *Tetrao urogallus*
Perdiz pardilla, *Perdix perdix*
Faisán vulgar, *Phasianus colchicus*
Perdiz común, *Alecteris rufa*

p. 18 Ostrero, *Haematopus ostralegus*
/19 Avefría, *Vanellus vanellus*
Vuelvepiedras, *Arenaria interpres*
Chorlitejo grande, *Charadrius hiaticula*
Chorlitejo chico, *Charadrius dubius*
Chorlito dorado común, *Pluvialis apricaria*

p. 20 Archibebe común, *Tringa totanus*
/21 Archibebe claro, *Tringa nebualria*
Andarríos chico, *Tringa hypoleucos*
Aguja colinegra, *Limosa limosa*
Aguja colipinta, *Limosa lapponica*
Zarapito real, *Numenius arquata*
Zarapito trinador, *Numenius phaeopus*

p. 22 Correlimos común, *Calidris alpina*

59

Correlimos gordo, *Calidris canutus*
Correlimos tridáctilo, *Calidris alba*
Combatiente, *Philomachus pugnax*
p. 23 Avoceta, *Recurvirostra avosetta*
Chocha perdiz, *Scolopax rusticola*
Agachadiza común, *Gallinago gallinago*
p. 24 Paloma torcaz, *Columba palumbus*
Paloma zurita, *Columba oenas*
Paloma bravía, *Columba livia*
Tórtola turca, *Streptopelia decaocto*
Tórtola común, *Streptopelia turtur*
p. 25 Alca común, *Alca torda*
Arao común, *Uria aalge*
Fulmar, *Fulmarus glacialis*
Frailecillo común, *Fratercula arctica*
p. 26 Gaviota reidora, *Larus ridibundus*
/27 Gaviota sombría, *Larus fuscus*
Gavión, *Larus marinus*
Gaviota cana, *Larus canus*
Gaviota argéntea, *Larus argentatus*
Charrán ártico, *Sterna hirundo*
Charrán común, *Sterna paradisaea*
Fumarel común, *Chlidonias niger*
Charrancito, *Sterna albifrons*
p. 28 Lechuza común, *Tyto alba*
/29 Mochuelo común, *Athene noctua*
Cárabo común, *Strix aluco*
Mochuelo chico, *Glaucidium passerinum*
Lechuza campestre, *Asio flammeus*
Búho chico, *Asio otus*
Lechuza de Tengmalm, *Aegolius funereus*
Autillo, *Otus scops*
p. 30 Abubilla, *Upupa epops*
Chotacabras gris, *Caprimulgus euroaeus*
Cuco, *Cuculus canorus*
Martín pescador, *Alcedo atthis*
p. 31 Pico picapinos, *Dendrocopos major*
Pico negro, *Dryocopus marius*
Pico real, *Picus viridis*
Pico menor, *Dendrocopos minor*
p. 32 Vencejo común, *Apus apus*
Golondrina común, *Hirundo rustica*
Avión común, *Delichon urbica*
Avión zapador, *Riparia riparia*
p. 33 Alondra común, *Alauda arvensis*
Cogujada común, *Galerida cristata*
Bisbita común, *Anthus pratensis*
Bisbita arbóreo, *Anthus trivialis*
Acentor común, *Prunella modularis*
p. 34 Lavandera blanca enlutada, *Motacilla alba*
Lavandera blanca común, *Motacilla yarrellii*
Lavandera cascadeña, *Motacilla cinerea*
Lavandera boyera inglesa, *Motacilla flava flavissima*
Motacilla flava iberine
Motacilla flava cinereocapilla
Lavandera boyera alemana, *Motacilla flava flava*
p. 35 Ampelis europeo, *Bombycilla garrulus*

Mirlo acuático, *Cinclus cinclus*
Chochín, *Troglodytes troglodytes*
Alcaudón dorsirrojo, *Lanius collurio*
Alcaudón real, *Lanius excubitor*
p. 36 Carricerin común, *Acrocephalus schoenobaneus*
Carricero común, *Acrocephalus scirpaceus*
Curruca mosquitera, *Sylvia borin*
Curruca capirotada, *Sylvia atricapilla*
p. 37 Curruca zarcera, *Sylvia communis*
Mosquitero musical, *Phylloscopus trochilus*
Mosquitero común, *Phylloscupus collybita*
Mosquitero silbador, *Phylloscupus sibilatrix*
p. 38 Papamoscas cerrojillo, *Ficedula hipoleuca*
Tarabilla norteña, *Saxicola rubetra*
Tarabilla común, *Saxicola torquata*
Collalba gris, *Oenanthe oenanthe*
p. 39 Papamoscas gris, *Muscicapa striata*
Colirrojo real, *Phoenicurus phoenicurus*
Colirrojo tizón, *Phoenicurus ochruros*
Petirrojo, *Erithacus rubecula*
Ruiseñor, *Luscinia negarhynchos*
p. 40 Zorzal real, *Turdus pilaris*
Mirlo capiblanco, *Turdus torquatus*
Mirlo común, *Turdus merula*
Oropéndola, *Oriolus oriolus*
p. 41 Zorzal alirrojo, *Turdus iliacus*
Zorzal común, *Turdus philomelos*
Zorzal charlo, *Turdus viscivorus*
Estornino pinto, *Sturnus vulgaris*
p. 42 Mito, *Aegithalos caudatus*
Herrerillo capuchino, *Parus cristatus*
Carbonero garrapinos, *Parus ater*
Herrerillo común, *Parus caeruleus*
Carbonero común, *Parus major*
p. 43 Carbonero palustre, *Parus palustris*
Trepador azul, *Sitta euroaea*
Agateador norteño, *Certhia familiaris*
Reyezuelo listado, *Regulus regulus*
Reyezuelo sencillo, *Regulus ignicapillus*
p. 44 Pinzón vulgar, *Fringilla coelebs*
Pinzón real, *Fringilla montifringilla*
Verderón común, *Carduelis chloris*
Lúgano, *Carduelis spinus*
p. 45 Camachuelo común, *Pyrrhula pyrrhula*
Pardillo común, *Acantis cannabina*
Pardillo sizerín, raza continental, *Acanthis flammea*
Pardillo sizerín, raza británica y alpina, *Acanthis cabaret*
Jilguero, *Carduelis carduelis*
p. 46 Piquituerto común, *Loxia curvirostra*
/47 Arrendajo común, *Garrulus glandarius*
Cuervo, *Corvus corax*
Grajilla, *Corvus monedula*

Corneja negra, *Corvus corone corone*
Corneja cenicienta, *Corvus corone cornix*
Graja, *Corvus frugilegus*
Urraca, *Pica pica*

p. 48 Gorrión común, *Passer dosmesticus*
Gorrión molinero, *Passer montanus*
Escribano cerillo, *Emberiza citrinella*
Escribano palustre, *Emberiza schoeniclus*
Triguero, *Emberiza calandra*

Tabla de puntuación

Las aves que aparecen en esta tabla de puntuación siguen el orden del libro. Cuando salgas de observación anota la fecha y el número de aves que vayas encontrando al lado de cada nombre. Al finalizar el día suma los puntos y anota el total en la parte inferior de la columna.

Página	Especie (nombre del ave)	Puntos	Fecha	Fecha	Fecha
5	Cormorán moñudo	15			
5	Alcatraz	25			
5	Cormorán grande	20			
6	Barnacla carinegra	25			
6	Barnacla canadiense	25			
6	Ánsar común	20			
6	Barnacla cariblanca	25			
7	Ánsar piquicorto	25			
7	Ánsar campestre	20			
7	Ánsar careto grande	25			
7	Cisne vulgar	25			
7	Cisne cantor	25			
7	Cisne chico o de Bewick	25			
8	Ánade real	5			
8	Cerceta común	15			
8	Ánade silbón	20			
8	Ánade rabudo	20			
	Total				

Página	Especie (nombre del ave)	Puntos	Fecha	Fecha	Fecha
9	Pato cuchara	15			
9	Porrón común	15			
9	Porrón moñudo	20			
9	Eider	25			
10	Porrón osculado	25			
10	Serreta mediana	20			
10	Serreta grande	25			
10	Tarro blanco	25			
11	Somormujo lavanco	15			
11	Zampullín chico	15			
11	Garza real	20			
11	Cigüeña común	10			
12	Águila pescadora	25			
12	Águila real	25			
12	Milano real	20			
13	Ratonero común	10			
13	Gavilán	15			
13	Cernícalo vulgar	10			
	Total				

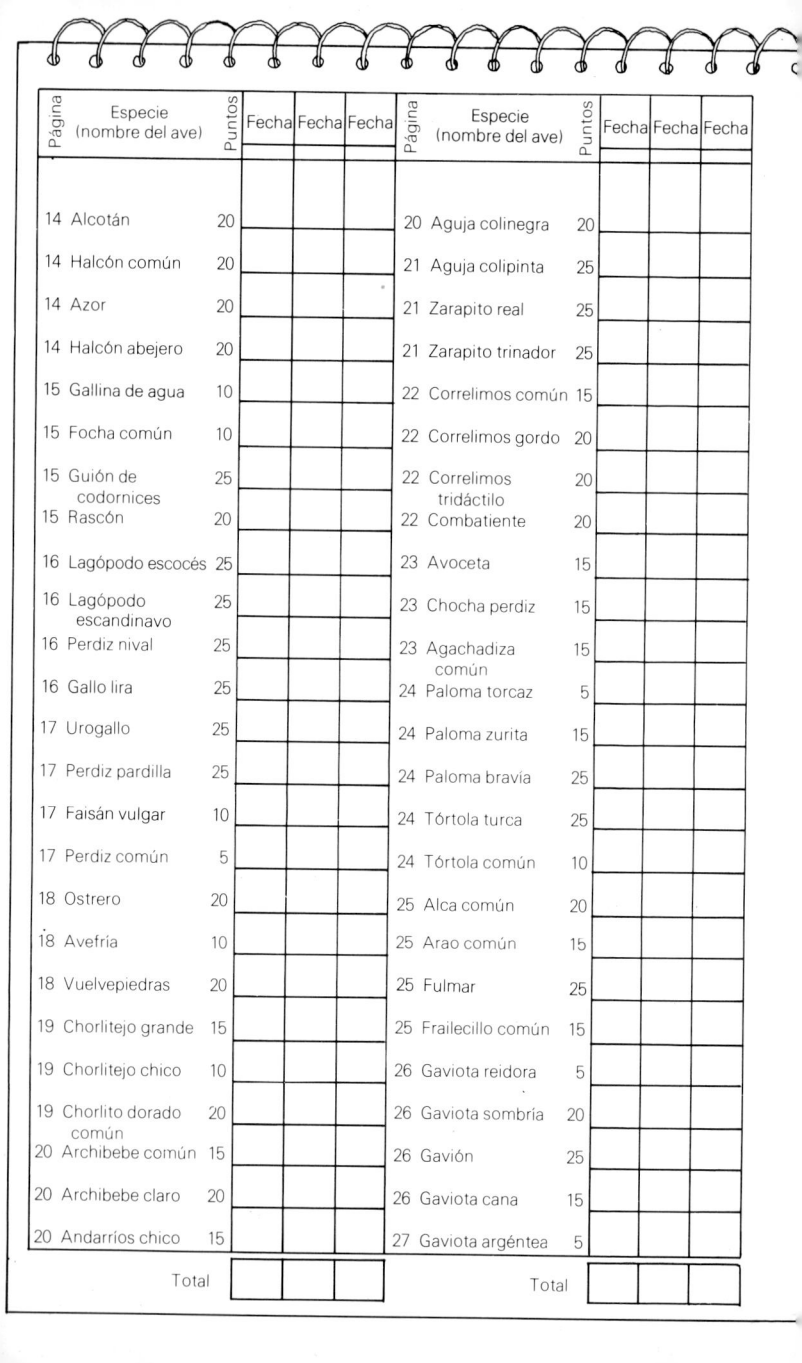

Página	Especie (nombre del ave)	Puntos	Fecha	Fecha	Fecha	Página	Especie (nombre del ave)	Puntos	Fecha	Fecha	Fecha
14	Alcotán	20				20	Aguja colinegra	20			
14	Halcón común	20				21	Aguja colipinta	25			
14	Azor	20				21	Zarapito real	25			
14	Halcón abejero	20				21	Zarapito trinador	25			
15	Gallina de agua	10				22	Correlimos común	15			
15	Focha común	10				22	Correlimos gordo	20			
15	Guión de codornices	25				22	Correlimos tridáctilo	20			
15	Rascón	20				22	Combatiente	20			
16	Lagópodo escocés	25				23	Avoceta	15			
16	Lagópodo escandinavo	25				23	Chocha perdiz	15			
16	Perdiz nival	25				23	Agachadiza común	15			
16	Gallo lira	25				24	Paloma torcaz	5			
17	Urogallo	25				24	Paloma zurita	15			
17	Perdiz pardilla	25				24	Paloma bravia	25			
17	Faisán vulgar	10				24	Tórtola turca	25			
17	Perdiz común	5				24	Tórtola común	10			
18	Ostrero	20				25	Alca común	20			
18	Avefría	10				25	Arao común	15			
18	Vuelvepiedras	20				25	Fulmar	25			
19	Chorlitejo grande	15				25	Frailecillo común	15			
19	Chorlitejo chico	10				26	Gaviota reidora	5			
19	Chorlito dorado común	20				26	Gaviota sombría	20			
20	Archibebe común	15				26	Gavión	25			
20	Archibebe claro	20				26	Gaviota cana	15			
20	Andarríos chico	15				27	Gaviota argéntea	5			
	Total						Total				

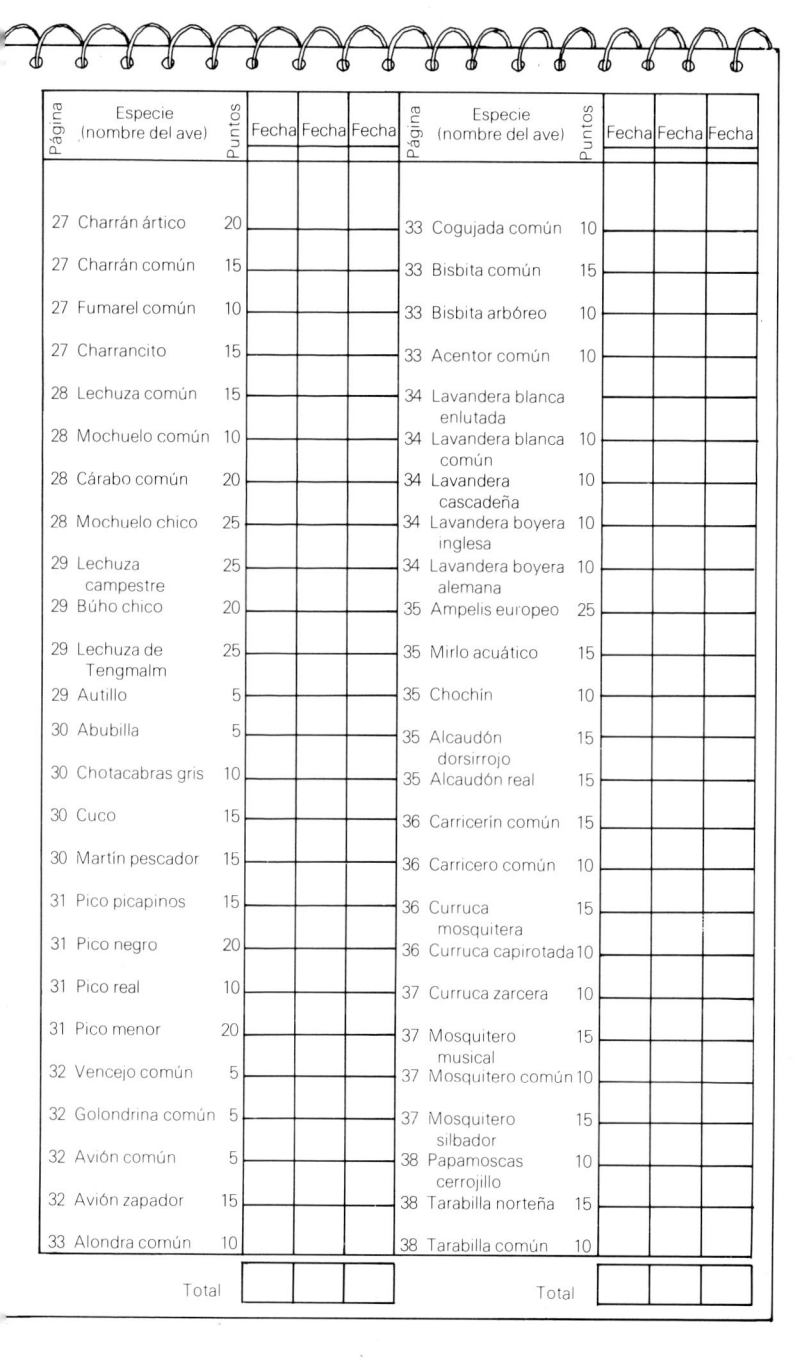

Página	Especie (nombre del ave)	Puntos	Fecha	Fecha	Fecha	Página	Especie (nombre del ave)	Puntos	Fecha	Fecha	Fecha
27	Charrán ártico	20				33	Cogujada común	10			
27	Charrán común	15				33	Bisbita común	15			
27	Fumarel común	10				33	Bisbita arbóreo	10			
27	Charrancito	15				33	Acentor común	10			
28	Lechuza común	15				34	Lavandera blanca enlutada				
28	Mochuelo común	10				34	Lavandera blanca común	10			
28	Cárabo común	20				34	Lavandera cascadeña	10			
28	Mochuelo chico	25				34	Lavandera boyera inglesa	10			
29	Lechuza campestre	25				34	Lavandera boyera alemana	10			
29	Búho chico	20				35	Ampelis europeo	25			
29	Lechuza de Tengmalm	25				35	Mirlo acuático	15			
29	Autillo	5				35	Chochín	10			
30	Abubilla	5				35	Alcaudón dorsirrojo	15			
30	Chotacabras gris	10				35	Alcaudón real	15			
30	Cuco	15				36	Carricerín común	15			
30	Martín pescador	15				36	Carricero común	10			
31	Pico picapinos	15				36	Curruca mosquitera	15			
31	Pico negro	20				36	Curruca capirotada	10			
31	Pico real	10				37	Curruca zarcera	10			
31	Pico menor	20				37	Mosquitero musical	15			
32	Vencejo común	5				37	Mosquitero común	10			
32	Golondrina común	5				37	Mosquitero silbador	15			
32	Avión común	5				38	Papamoscas cerrojillo	10			
32	Avión zapador	15				38	Tarabilla norteña	15			
33	Alondra común	10				38	Tarabilla común	10			
	Total						Total				

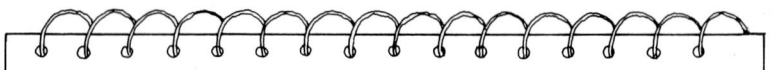

Página	Especie (nombre del ave)	Puntos	Fecha	Fecha	Fecha	Página	Especie (nombre del ave)	Puntos	Fecha	Fecha	Fecha
38	Collalba gris	10				43	Reyezuelo sencillo	15			
39	Papamoscas gris	10				44	Pinzón vulgar	5			
39	Colirrojo real	10				44	Pinzón real	15			
39	Colirrojo tizón	15				44	Verderón común	10			
39	Petirrojo	5				44	Lúgano	15			
39	Ruiseñor	10				45	Camachuelo común	15			
40	Zorzal real	15				45	Pardillo común	10			
40	Mirlo capiblanco	20				45	Pardillo sizerín, raza continental	20			
40	Mirlo común	5				45	Pardillo sizerín, raza británica-alpina	20			
40	Oropéndola	10				45	Jilguero	10			
41	Zorzal alirrojo	15				46	Piquituerto común	10			
41	Zorzal común	10				46	Arrendajo común	10			
41	Zorzal charlo	10				46	Cuervo	15			
41	Estornino pinto	5				46	Grajilla	5			
42	Mito	10				47	Corneja negra	10			
42	Herrerillo capuchino	10				47	Corneja cenicienta				
42	Carbonero garrapinos	10				47	Graja	20			
42	Herrerillo común	5				47	Urraca	5			
42	Carbonero palustre	15				48	Gorrión común	5			
43	Carbonero común	5				48	Gorrión molinero	10			
43	Trepador azul	15				48	Escribano cerillo	15			
43	Agateador norteño	20				48	Escribano palustre	15			
43	Reyezuelo listado	10				48	Triguero	10			
	Total						Total				
							Suma total				